Bibliografische Information der Deutschen Nationalbibliothek:

Die Deutsche Bibliothek verzeichnet diese Publikation in der Deutschen National-
bibliografie; detaillierte bibliografische Daten sind im Internet über http://dnb.d-
nb.de/ abrufbar.

Impressum:

Copyright © 2017 GRIN Verlag
Druck und Bindung: Books on Demand GmbH, Norderstedt Germany
ISBN: 9783668698741

Dieses Buch bei GRIN:

https://www.grin.com/document/424452

Tim Holst

Pflanzen als natürliche Indikatoren der Bodengesundheit

GRIN Verlag

Ruhr-Universität Bochum
Fakultät für Geowissenschaften
Geographisches Institut

Pflanzen als natürliche Indikatoren der Bodengesundheit

Inhaltsverzeichnis

1.   Einleitung

Im Zuge des aktuellen Entwicklungstrends der Menschheit darf es als Pflicht angesehen werden, den Boden nachhaltig zu bewirtschaften und dementsprechend zu schützen. Im Jahr 2050 werden auf der Erde wahrscheinlich ca. 9,5 Milliarden Menschen leben, jedoch nimmt die Bodenoberfläche durch anthropogene oder natürliche Prozesse kontinuierlich ab. Infolge dieser Abnahme kann der Anbau von Lebensmitteln zur Ernährungssicherung oder zum Export besonders in peripheren und semi-peripheren Regionen, aber zum Teil auch in Kernregionen stark beeinträchtigt sein.

Durch diese negative Entwicklung ist es besonders wichtig, sich für die Thematik der Bodengesundheit sowie seine Konzepten und Kennwerten zu sensibilisieren und ein nachhaltiges Bewusstsein zu schaffen. Das Wissen über Pflanzen als natürliche Indikatoren der Bodengesundheit wäre eine Maßnahme, um eben dieses Verständnis zu erreichen. Pflanzen, die an bestimmten Standorten vorkommen, erlauben durch ihre speziellen abiotischen und biotischen Umweltfaktoren Rückschlüsse auf die dort vorherrschenden Bodeneigenschaften. Die Ermittlung der Bodenqualität ist nicht nur im wirtschaftlichen, sondern auch im privaten Handlungsfeld elementar. Betriebe in der Land- und Forstwirtschaft, Baufirmen und professionelle sowie hobbymäßige Gärtner tragen durch ein umfassendes Wissen über verschiedenste Pflanzenarten und deren Identifizierung zur Bodengesundheit bei, indem sie anhand von Schlussfolgerungen beurteilen können, ob die Pflanzen den Boden aktiv reinigen (erhalten) oder schädigen (entfernen). Ziel der vorliegenden Seminararbeit ist es, das Potenzial und die Wirksamkeit der Pflanzen als natürliche Indikatoren für einen gesunden Boden zu erläutern, bewerten und problematisieren sowie anhand eines bestimmten Fallbeispiels zu konkretisieren.

Um einen Einblick in diese komplexe Thematik zu ermöglichen, gliedert sich die Seminararbeit wie folgt: Nach der Einleitung, die durch Aktualitätsgehalt und Zielsetzung in die Thematik einführt, folgt die Erläuterung, unter welchen Voraussetzungen überhaupt von einem gesunden Boden gesprochen werden kann und wie dieser ermittelt wird. Anschließend werden Pflanzen als Indikatoren unterschieden und in Bezug auf ihre unterschiedlich ausgeprägten Funktionen vorgestellt. Im vierten Kapitel wird ein Bodensanierungsverfahren namens Phytosanierung veranschaulicht, das umfassend aufzeigen soll, durch welche Mechanismen Pflanzen zur Bodengesundheit beitragen können. In einem nächsten Schritt sollen die Möglichkeiten und Grenzen von Pflanzen als Indikatoren herausgestellt werden, um sie neben anderen Methoden oder Parametern entscheidend einordnen zu können. Den zweiten thematischen Schwerpunkt dieser Seminararbeit stellt die Behandlung *der großen Brennnessel* als Fallbeispiel dar. Im Fazit werden die in der Seminararbeit herausgestellten Ausführungen resümierend reflektiert.

2.   Voraussetzungen und Ermittlung der Bodengesundheit

Böden sind als enorm komplexe Wirkungsgefüge anzusehen, die sich nur unter bestimmten Voraussetzungen entwickeln. Auf Grund der Tatsache, dass ein Boden durch viele verschiedene Prozesse entsteht und weiter beeinflusst wird, besteht eine sehr hohe Gefahr, dass der Boden durch anthropogene (Industrie, Verkehr, Deponien oder landwirtschaftliche Maßnahmen) oder natürliche (Verwitterung, Gesteins-Staub oder Mykotoxine) Schadstoffeinträge sowie andere schädlich wirkende Substanzen alarmierende Tendenzen aufweisen und als krank bezeichnet werden kann. Um den Boden als gesund bezeichnen zu können, müssen verschiedene Faktoren eintreten. Für eine ausreichende Nährstoffverfügbarkeit der Pflanzen ist die Mobilisierung und Nachlieferung im Boden von zentraler Bedeutung (Forschungsinstitut für biologischen Landbau (FiBL) 2008: 3). Ein gesunder Boden verfügt sowohl über einen ausreichend hohen Humusgehalt als auch über eine gute Humusqualität. Der Humus, die Gesamtheit der abgestorbenen organischen Bodensubstanz, stellt durch die Versorgung der Pflanzen mit Nährstoffen wie Stickstoff und Phosphor, aber auch durch die Verbesserung der Porenverteilung und dementsprechend des Luft- und Wärmehaushalts einen zentralen Indikator im Bodenhaushalt dar (Bundesverband Boden e.V. o.J.). Ein weiteres Merkmal des gesunden Bodens ist die Bioturbation. Dieser Begriff bezeichnet die Wühlaktivität im Boden, die von Mikroorganismen und aktiven Bodentieren durchgeführt wird. Durch diese Durchmischung und Auflockerung des Bodens verbessern sie die Bodensubstanz zu einer luftigen, reichern ihn mit Ton-Humus-Komplexen an und erhöhen seine Wasserspeicherkapazität (Projekt Hypersoil 2003).

Als nächstes sollte der Boden eine hohe Porosität besitzen, sodass eine ausreichende Durchlässigkeit für Wasser und Luft gegeben ist.

Des Weiteren sollte der Boden über ein krümeliges (neben Bröckel, Polyeder, Prismen und Platten am besten) Gefüge verfügen. Sowohl die Porosität als auch das krümelige Gefüge sorgen dafür, dass der Boden eine gute Struktur aufweist und die Anfälligkeit für die Verschlammung der Bodenoberfläche und Verdichtungen im Ober- und Unterboden vermindert wird (Bayrische Landesanstalt für Landwirtschaft o.J.: 4).

Trotz aller Kriterien ist die Schadstofffreiheit des Bodens wahrscheinlich das Ausschlaggebendste. Ein kontaminierter Boden gefährdet die Gesundheit von Pflanzen,

Tieren, Menschen und Mikroorganismen. Außerdem gehen durch die Anreicherung organischer und anorganischer Schadstoffe wichtige Funktionen des Bodens wie die Erholungsfunktion oder die Nährstoffverfügbarkeit verloren. Die Bodenfruchtbarkeit kann durch folgende Verfahren ermittelt werden: Bodenkarten, optische Bodenuntersuchungen (Bodenprofile, Fingerproben, Spatenproben), Zeigerpflanzen, Chemische Bodenuntersuchungen, Untersuchungen zur biologischen Aktivität, Nährstoffbilanzen und Futteranalysen (Forschungsinstitut für biologischen Landbau (FiBL) 2008: 3).

3.   Nutzen und Funktion der Pflanzen als natürliche Indikatoren

„Ein Naturindikator ist ein natürliches System beliebigen Ranges und beliebiger Organisationsform, das auf eine Änderung seiner Umwelt mit solchen Veränderungen seiner Eigenschaften reagiert, die der Mensch auf beliebige Art und Weise registrieren kann" (Zierdt 1997: 42).

Pflanzen als natürliche Indikatoren werden als Zeigerpflanzen, Indikatorpflanzen, Phyto-Indikatoren oder Bioindikatoren bezeichnet. Bei der Bezeichnung *Bioindikator* muss hinzugefügt werden, dass man diesen Begriff nur unter Vorsicht verwenden darf, da dieser auch Tiere und Pilze umfasst[1]. Zeigerpflanzen sind mit oder ohne anthropogenen Einfluss an einem bestimmten Ort existent. Während Löwenzahn natürlich an einem beliebigen Standort gewachsen ist und als Indikatorpflanze für stickstoffreiche und schwere Böden dient, kommt Rotkohl durch den anthropogenen Einfluss des Landwirts an einem bestimmten Standort in Abhängigkeit eines basischen oder sauren Bodens in bläulicher oder rotvioletter Farbe vor (ABIGRO GmbH & Co. KG 2013).

Als Indikatorpflanzen eignen sich Pflanzen, die über einen hohen Zeigerwert verfügen, der auch großräumig gültig ist. Darüber hinaus müssen sie auf Veränderungen abiotischer und biotischer Umweltfaktoren sowie Bewirtschaftungsmaßnahmen schnell reagieren. Diese Pflanzenarten sollten taxonomisch gut erforscht, ihr ökologisches Verhalten exakt bekannt und ihr Vorkommen im Gelände leicht zu bestimmen sein (Bohner 2010: 115).

Pflanzliche Bioindikatoren lassen sich hinsichtlich ihres Verhaltens in zwei Kategorien unterscheiden: Bei *reaktiven bzw. sensitiven Zeigerpflanzen* handelt es sich um Pflanzenarten, deren Physiognomie und Lebensäußerungen (Wachstum, Vermehrung, Vegetationsperiode und Ernährung) an einem festgesetzten Standort Schlussfolgerungen auf

---

[1] Der Begriff Bioindikator wird im Folgenden ausschließlich auf Pflanzen bezogen, sofern es nicht anders angegeben

die sich dort befindenden abiotischen und biotischen Umweltfaktoren zulassen. Bei den reaktiven bzw. sensitiven Zeigerpflanzen handelt es sich vor allem um stenöke Arten. Diese Pflanzenarten besitzen eine geringe ökologische bzw. physiologische Potenz d.h. sie existieren in einer speziellen und definierten ökologischen Nische. Die spezifischen abiotischen und biotischen Umweltfaktoren, in denen sie leben und aktiv sind, müssen möglichst gleichbleibend sein, da sie schon bei einer geringen Veränderung ihrer Lebensbedingungen negativ beeinflusst werden können. Wird die Grenze der Anpassungsfähigkeit durch einen Faktor überschritten, sterben die Pflanzen ab. Ein Beispiel für reaktive Phyto-Indikatoren sind Tabakpflanzen, die sensibel auf deutlich erkennbare Schädigungen von Ozon-Belastungen an ihren Blättern reagieren.

Bei den *akkumulativen Zeigerpflanzen* handelt es sich um Pflanzenarten, die die Eigenschaften, die Veränderungen oder die Existenz von bestimmten abiotisch und biotischen Faktoren durch die Aufnahme von (Schad-)Stoffen kontrollieren und festhalten. Diese Pflanzen können die Substanzen anreichern ohne - zumindest für einen kurzen Zeitraum - selbst negativ beeinflusst zu werden. Ein Beispiel für akkumulative Zeigerpflanzen sind Pflanzenarten, die Mechanismen entwickelt haben, um radioaktive Stoffe anzureichern (ABIGRO GmbH & Co. KG 2013).

Der wirtschaftliche Profit, den Zeigerpflanzen dem Menschen durch ihr Verhalten und ihre Verwendung gewähren, ist enorm.

Indikatorpflanzen ermöglichen dem Menschen, ohne kostenintensive und zeitaufwendige Maßnahmen wertvolle Informationen über die Bodeneigenschaften und damit verbunden über die Bodengesundheit zu sammeln und auszuwerten.

Sie können durch ihre Präsenz Standortveränderungen, Fehler in der Düngung und Bewirtschaftung frühzeitig erkennen, sodass der Boden nachhaltig geschont werden wird. Durch ihr Vorkommen oder Fehlen, ihrer Zu- oder Abnahme in einem Pflanzenbestand zeigen sie Entwicklungstendenzen des Bodens auf, was vor allem in der Land- und Forstwirtschaft wichtig ist, um zeitnah intervenieren zu können. Darüber hinaus dokumentieren und kontrollieren Zeigerpflanzen den Erfolg von Düngungs- und Pflegemaßnahmen im Falle einer Intervention, indem sie eine schnelle und flächenhafte Auskunft über die Standortbonität zulassen. Pflanzliche Bioindikatoren dienen als Hinweise für Präventionsmaßnahmen. Gerade in Kleingärten oder Wäldern des Ruhrgebiets können Böden eine schlechte Qualität besitzen und mit Schadstoffen belastet sein. Ein erhöhtes Aufkommen einer Pflanzenart bietet Hinweise, um den Boden zu behandeln, ihn zu bepflanzen oder gar zu meiden. Sie zeigen als Indikatoren standortspezifische Intensivierungsgrenzen auf. Der letzte Punkt ist für Kinder wichtig, die auf dem Boden spielen und mit diesem körperlich in

Kontakt treten (Bohner 2010: 112). Edaphische Faktoren, die durch Pflanzen aufgezeigt werden können, sind: Nährstoffverfügbarkeit, Reaktionszahl, Bodenfeuchtigkeit, Wärmehaushalt, Stickstoffgehalt, Schwermetallresistenz, Salzgehalt, Bodenstruktur, Nutzungsintensität und Vegetationsdeckungsgrad (Bohner 2010: 116).

Zusammenfassend kann gesagt werden, dass reaktive bzw. sensitive oder akkumulative Zeigerpflanzen als vielfältige natürliche Indikatoren der Bodengesundheit von zentraler Bedeutung für menschliche Aktivitäten hinsichtlich dem Bodenschutz und wirtschaftlichem Interesse sind.

4.   Phytosanierung

4.1.   Begriffsbestimmung und Verfahren

Um eine präzise Schilderung der Wirksamkeit von Pflanzen als natürliche Indikatoren der Bodengesundheit exemplarisch offenzulegen, habe ich mich für die Darstellung der Phytosanierung entschieden.

Phytosanierung, auch Phytoremediation genannt, ist ein Teilgebiet der biologischen Sanierungsverfahren und bezeichnet die Sanierung von schadstoffbelasteten Medien wie Boden, Luft, Grundwasser oder Oberflächenwasser. Dies ist eine unschädliche und kostensparende Option, um toxische und chemische Schadstoffeinträge zu entfernen oder zu stabilisieren, sodass diese nicht vom Regen aus dem Boden ausgewaschen werden und nahegelegene Gewässer nicht gefährden können. Zu den Schadstoffen gehören beispielsweise Schwermetalle, Halbmetalle (Arsen), Pestizide, Sprengstoffe, Lösungsmittel, Salze oder Öle.

Bestimmte Pflanzenarten haben im Laufe der Evolution Mechanismen entwickelt, mit denen sie sich zum größten Teil vor der toxischen Wirkungen der Substanzen schützen können (Pflanzenforschung.de c/o genius gmbh – wissenschaft & kommunikation o.J.). Diese Pflanzen besitzen die Fähigkeit die schädlichen Chemikalien aus dem Boden abzubauen oder zu entfernen, sofern ihre Wurzeln Wasser und Nährstoffe aus der schadstoffbelasteten Erde, dem Sediment oder dem Grundwasserkörper akkumulieren. Die von den Pflanzen ausgeübten Prozesse spielen sich in der Rhizosphäre ab. Dies bedeutet, dass die Pflanzen die Schadstoffe bis zu der Tiefe, in der ihre Wurzen reichen, herausfiltern und den Boden somit sanieren können. Die von den Pflanzen aufgenommenen

Kontaminationen akkumulieren in ihren Wurzeln, Baumstämmen oder Blättern. Diese Stoffe können innerhalb der Pflanze, häufig im Wurzelbereich, durch den Prozess der Detoxifizierung in weniger schädliche Verbindungen transformiert werden. Diese umgewandelten und unschädlichen Produkte können auch an die Luft abgegeben werden. Darüber hinaus besteht die Möglichkeit, dass die Schadstoffe an den Wurzeln absorbiert werden und der Prozess der Entgiftung von Mikroorganismen des Bodens durchgeführt wird.

Schadstoffe, die nicht in ungiftige Substanzen umgewandelt werden, sondern von der Pflanze gespeichert wurden, können durch die Ernte entfernt werden. In diesem Fall muss man wiederholt anbauen und ernten, um die Schadstoffe vollständig aus dem Boden lösen zu können. Die Phytosanierung als Sammelbegriff umfasst folgende Prozesse: Phytoextraktion, Phytodegradation, Phytomining, Phytostimulation, Rhizofiltration, Volatilisation und Phytotransformation (Vyas o.J.).

4.2. Phytomining

Phytomining bezeichnet die Fähigkeit von Pflanzen, den Boden von Schwermetallen zu reinigen. Diese Gruppe sog. Hyperakkumulatoren, von denen es rund 500 Pflanzen gibt, sind in der Lage äußerst hohe Konzentrationen von giftigen Schwermetallen aufzunehmen. Pflanzen, die sich zur Schwermetallbeseitigung eignen und an denen auch ein wissenschaftliches Interesse besteht, wären beispielsweise die Hallersche Schaumkresse und die Galmeiflora. In der Forschung geht man davon aus, dass sich die Pflanzen diese Funktion im Laufe der Evolution angeeignet haben, um sich vor Fressfeinden wie Blattläusen zu schützen. Der Schwermetallgehalt, den Pflanzen in den Blättern akkumulieren, weist für Fressfeinde eine zu hohe Toxizität auf.
Diese Pflanzen können schwermetallbelastete Böden reinigen, indem sie unter anderem Nickel, Kadmium und Zink aus der Rhizosphäre heraussaugen und in den Blättern speichern können. Diese Tatsache bedeutet, dass die Schwermetalle in der Pflanze nicht verloren gehen, sondern gespeichert bleiben und gewonnen werden können. Durch das Verbrennen der oberirdischen Pflanzenteile erwirtschaftet man einen Metallgehalt von ca. 20% in der Asche. Es existieren bereits funktionierende Technologien zur Gewinnung von Nickel, jedoch werden diese zur Zeit nicht genutzt, da die Anwendung dieser Vorrichtungen vom korrespondierenden Preis am Markt abhängig sind. Im Zuge der rasant ansteigenden Bevölkerung und des damit verbundenen übermäßigen Rohstoffkonsums könnte Pyhtomining ein lukratives und rentables Geschäft werden, an dem

weiterhin geforscht werden müssten, sofern die Preise für Zink und andere Metalle steigen (Deutschlandradio - Körperschaft des öffentlichen Rechts 2014). Darüber hinaus kann Phytomining der Armut semi-peripheren und peripheren Regionen entgegen wirken und die Existenzsicherung durch den Handel stärken, indem die *neuen* gereinigten und fruchtbaren Böden nach einer gewissen Zeit wieder mit Gemüsesorten bepflanzbar sind (Schwarz 2012).

Wildkräuter und -gräser eignen sich potenziell als Reaktions- oder Akkumulationsindikatoren schwermetallreicher Standorte. Metallophyten, die ausschließlich auf diesen Standorten vorkommen, können durch ihre Präsenz Rückschlüsse auf schwermetallbelastete Böden geben. Sie akkumulieren Schwermetall in Sprossen und Blätter und sind daher als Akkumulationsindikatoren geeignet. Für Kulturpflanzen, insb. Gemüsesorten, besteht ein Potenzial zu Bioindikation bezüglich Cadmium, Zink, Nickel und Kupfer, sofern die Transferfaktoren einen Wert erreichen, der über eins liegt. Baumarten besitzen tendenziell kein bioindikatives Potenzial zur Ermittlung von Schwermetall, da ihr Anwendungsbereich auf schwermetallreichen Böden stark begrenzt ist (Meyer & Belotti o.J.: 1).

4.3.   Vor- und Nachteile der Phytosanierung

Die Phytosanierung ist im Vergleich zu anderen mechanischen Methoden der biologischen Sanierungsverfahren sehr kostengünstig. Durch die natürlichen Pflanzenprozesse wird keine aufwendige Ausrüstung (Maschinen oder Arbeitszeit) benötigt. Darüber hinaus können die Pflanzen den Boden auf natürliche Weise reinigen. Dadurch ist die Sicherheit gewährleistet, dass der Boden nicht abgetragen und das Grundwasser nicht hochgepumpt wird. Anschließend kann gesagt werden, dass Pflanzen den Boden vor Erosionen schützen und die Qualität der Umgebungsluft verbessern. Ein weiterer positiver Faktor ist, dass die Prozesse der Pflanzen passiv und solar ablaufen und schneller als der natürliche Ablauf vollzogen werden. Des Weiteren kann die Menge an kontaminierten Material, die auf Deponien gelagert werden würde, drastisch reduziert werden. Auf diese Weise könnte man dafür sorgen, dass sich ein Kreislauf schließe, indem man nicht nur schadstoffbelastetes Material von einem zum anderen Ort bringt, sondern aktiv bekämpft. Wenn man weiter vom sich schließenden Kreislauf durch die Phytosanierung sprechen möchte, wird angeführt, dass Energie aus der kontrollierten Verbrennung der Biomasse gewonnen werden kann. Durch diese zusammengetragenen positiven Faktoren kann man behaupten, dass die gesellschaftliche Akzeptanz für solche ökologisch nachhaltigen Verfahren sehr hoch ist.

Ein großes Hindernis bei der Durchsetzung der Phytosanierung ist, dass dieses Verfahren relativ neu ist und eventuell dementsprechend wenig Beachtung in der Forschung erhält.

Das als positiv bezeichnete passive und solare Geschehen der Phytosanierung kann relativ leicht entkräftet werden, da die Phytosanierung im Allgemeinen langsamer im Vergleich zu anderen Methoden der Bodensanierung und abhängig vom Klima ist. In den meisten Fällen muss es sich um Bodenkrankheiten handeln, die für Pflanzen behandelbar sind. Pflanzen haben zwar im Laufe der Evolution Mechanismen entwickelt, um sich vor der giftigen Wirkungen der Schwermetalle zu schützen, jedoch können selbst sie eine zu hohe Toxizität nicht vertragen und sterben dementsprechend ab. Ein weiterer Kritikpunkt stellt die ständige Bewachung und Kontrolle des Standortes dar, da die Pflanzen schädlich für Nutztiere, Bewohner oder Anwohner sein könnten. Darüber hinaus besteht die Gefahr, dass die Schadstoffe das Medium wechseln könnten, wenn sie in das Grundwasser gelangen oder sich in Tieren anreichern. Ein weiterer Nachteil, der in den Ausführungen bisher nicht erwähnt wurde, ist die Gentechnik und die damit verbundene Problematik der gesellschaftlichen Akzeptanz. Inzwischen werden Pflanzen genetisch verändert, um ihnen die Fähigkeit zur Aufnahme und zur Umwandlung von Schadstoffen zu vermitteln (Vyas o.J.).

5. Möglichkeiten und Grenzen von Zeigerpflanzen

Die Zeigerpflanzen erlauben mit einem geringen Arbeitsaufwand ohne aufwendige Messinstrumente relativ schnell und einfach genaue Rückschlüsse auf die Bodeneigenschaften eines bestimmten Standorts. Als ein weiterer Schritt können durch die Bestimmung der Bodeneigenschaften Aussagen über die Bodengesundheit hinsichtlich der Eignung, Leistung, Belastbarkeit und Risikoabschätzung getroffen werden (Scheffer & Schachtschabel 2010: 547). Beispielsweise kann der Wasserhaushalt von Grünlandböden besser ermittelt werden, wenn neben dem Bodentypen auch Zeigerpflanzen berücksichtigt werden (Bohner 2010: 114).

Außerdem integrieren sie die abiotischen und biotischen Standortfaktoren häufig über die Vegetationsperiode, meistens aber auch über mehrere Jahre, sodass jährliche und jahreszeitliche Anomalien wie Schwankungen und Extremwerte von einzelnen physikalischen, chemischen und biologischen Bodeneigenschaften ermittelt werden. Darüber hinaus bieten PhytoIndikatoren und Direktmessungen die Möglichkeit einer guten und qualitativen kartographischen Darstellbarkeit der erhobenen Daten sowie ihrer Digitalisierbarkeit auf Rechenstationen (Zierdt 1997: 53).

Bei der Verwendung dieser Methode müssen verschiedene Faktoren berücksichtigt werden, damit sie effizient eingesetzt werden können. Eine Indikatorpflanze kann unter Umständen mehreren Zeigerartengruppen angehören d.h. sie besitzen eine Indikatorfunktion für mehrere Standorteigenschaften. Zur Verdeutlichung der Problematik wird der Bürstling angeführt, der sowohl ein Säurezeiger als auch ein Magerkeitszeiger ist.

Des Weiteren müssen Landwirte, Bauunternehmen oder Gärtner wissen, dass das bloße Vorkommen oder Fehlen einer Pflanze nicht maßgeblich entscheidend für die Einschätzung der Bodenqualität ist. Viel mehr kommt es auf das *wie* des Auftretens der Pflanze an. Rückschlüsse auf die Bodeneigenschaften eines Standorts sind möglich, wenn die Zeigerart besonders stark auftritt, d.h. es gibt eine große Individuenzahl und einen hohen Deckungsgrad im Pflanzenbestand oder ein Vorkommen von Pflanzen mehrerer bis vieler Arten mit gleichem Zeigerwert gegeben ist. Bodenbewertungen, die aus der Anwesenheit einiger einzigen Zeigerart mit einer geringen Populationszahl resultieren, sind auf Grund der geringen erhobenen Datenmenge mehr als fraglich. Um falsche Interpretationen zu umgehen, sollte die floristische Zusammensetzung der Pflanzengesellschaft untersucht werden. Darüber hinaus kann man Zeigerpflanzen nicht verwenden, um Auskunft über die Wirkungsstärke einzelner Parameter im Boden zu erhalten, da die Vegetation über die biotischen und abiotischen Standortfaktoren integriert. Welche Substanz oftmals für den Überschuss oder Mangel im Boden entscheidend ist, kann mit Hilfe von PhytoIndikatoren nicht ermittelt werden. An dieser Stelle ist auch zu erwähnen, dass Zeigerpflanzen nur Rückschlüsse über den Bodenzustand im Wurzelraum geben. Bei der Bewertung eines Standortes sollte auch der Wurzeltiefgang einzelner Pflanzen untersucht werden.

Einen weiteren Kritikpunkt stellt die Aussagekraft der gewonnenen Daten durch die Indikatorpflanze als natürliche Indikatoren der Bodengesundheit dar. Pflanzliche Bioindikatoren geben dem Anwender keine exakten Messdaten. Mit ihrer Hilfe sind keine quantitativen Aussagen über die Bodenqualität möglich. Ob im Boden 23 oder 823 mg Phosphor pro Kilogramm Feinboden vorhanden sind und wie hoch der pH-Wert ist, lässt sich durch Pflanzen nicht ermitteln. Der Zeigerwert einiger Pflanzenarten kann unter gewissen Voraussetzungen maßgeblich durch den Wuchsort beeinflusst werden.

Die Trollblume dient in wärmeren Tal- und Beckenlagen als ein Indikator für Magerkeit, während sie in Berggebieten durch die klimatisch bedingte Abwesenheit von Fressfeinden auf nährstoffreichen Standorten wachsen. Im Almgebiet gilt die Trollblume als Zeiger für Stickstoff. Im Weiteren kann das ökologische Verhalten ebenfalls zu Unklarheiten führen. Manche Pflanzen können ihr ökologisches Verhalten sowie ihre Ansprüche mit zunehmendem Wachstum und Alter bezüglich einzelner Standortfaktoren ändern. Keimlinge und Jungpflanzen können zu Beginn ihrer Existenz einen anderen Zeigerwert aufweisen als im späteren Dasein (Bohner 2010: 115-116).

Darüber hinaus sind den Pflanzen als natürliche Indikatoren der Bodengesundheit eine Grenze hinsichtlich der Bioindikation von organischen Schadstoffen (PAK, PCB, HCB, HCH, PCCD/PCDF) gesetzt. Die Eignung zur Ermittlung ist auf Grund der molekularen Zusammensetzung der organischen Schadstoffe nicht möglich (Meyer & Belotti o.J.: 1).

6.   Fallbeispiel: Große Brennnessel

Die Große Brennnessel *(Urtica diocia)* gehört zur Familie der Brennnesselgewächse *(Urtiaceae)* und weist eine Wuchshöhe von 30-150 cm auf. Sie ist eine mehrjährige Nutzpflanze mit einer Blütezeit von JuliSeptember, trägt gelbliche eiförmige Nüsse als Früchte und kommt in der Nähe von Ansiedlungen, Gärten, Höfen, Mauern und im Brachland vor. Darüber hinaus gilt sie als Nahrungs-, Heil- und Faserpflanze (Nature-Gate promotions o.J.).

Die Große Brennnessel gilt als Paradebeispiel der Zeigerpflanzen. Sie zeigt stickstoffreiche Böden an und kommt auf feuchten und nährstoffreichen Standorten vor. In Böden mit einer ausgeglichenen Stickstoffbilanz und einem gemäßigten Vorkommen sowie einer ausgewogenen Individuenzahl und dem daraus resultierendem einheitlichen Deckungsgrad bietet sie dem Konsumenten als Jauche oder Pflanze ein vielfältiges Nutzen. Durch die giftigen Inhaltsstoffe der Pflanze können umgebende Pflanzenarten vor Fressfeinden oder Konkurrenten wie Blattläusen geschützt werden. Darüber hinaus stärkt sie die anderen Pflanzen hinsichtlich ihres ökologischen Wachstums, indem sie durch tiefgreifende Wurzeln die Bodenstruktur auflockert. Auf diese Weise kann sie für sich und andere Pflanzen Nährstoffe mobilisieren. Die Zeigerpflanze *Urtica diocia* ersetzt giftige Chemikalien und hält den Boden durch ihre heilenden Inhaltsstoffe auf natürliche Weise gesund. Durch ihre Überlegenheit gegenüber herkömmlichen Schutzmitteln wird sie überwiegend in Frankreich von der Industrie bekämpft. Durch ihr Vorkommen trägt die Große Brennnessel im hohen Maße zur Humusbildung bei. Des Weiteren beschleunigt sie die Ausbildung eines Vegetationskomplexes, indem sie die Bodenstrukturen für Arten mit geringer ökologischer Verträglichkeit verfeinert und verbessert. Als Fazit kann man behaupten, dass die Zeigerpflanze den Boden bei einem ausgeglichenem Stickstoffverhältnis und einem geregelten Vorkommen durch die Erhöhung der Fruchtbarkeit unterstützt. Es kann angenommen werden, dass der Boden gesunde Tendenzen und eine gute Qualität aufweist (Gesundheitliche Aufklärung 2012). Stickstoff ist ein wesentlicher Grundstoff aller Pflanzenarten und stellt einen essentiellen Baustein bezüglich ihres Wachstums und ökologischen Verhalten dar. Die Aufnahme von Stickstoff sollte allerdings in geregelten Dosen erfolgen, da eine zu hohe Konzentration des Stoffes zur Veränderung der Physiognomie und Zellstruktur führen kann (Umweltbundesamt 2011: 7).

Durch zu hohe Stickstoffkonzentrationen im Boden kommt es zum Geilwuchs der Brennnessel. Man erkennt dieses Verhalten durch ein enormes Vorkommen mit einem hohen Deckungsgrad. Der Geilwuchs führt zu einem aufgeschwemmten Pflanzengewebe und einer daraus resultierenden Instabilität der Zellstruktur. Darüber hinaus werden die Pflanzen durch zu hohe Stickstoffgehalte verstärkt frost- und krankheitsanfällig. Diese erhöhte Krankheitsanfälligkeit machen sich Schädlinge und Pilzkrankheiten wie Mehltau zu Nutze. Zur Physiognomie der Pflanzen kann gesagt werden, dass sich die Blütezeit verschiebt und sich die Farbe der Blätter von hellgrün auf dunkelgrün ändert (Reblu GmbH o.J.). Neben den Folgen für die Pflanzen durch zu hohe Stickstoffgehalte im Boden sind die natürlichen Risiken im Boden und in Bodennähe genauso gravierend. Es gibt nur eine kleine Auswahl von Pflanzen die höhere Stickstoffmengen vertragen können. Wenig Stickstoff ertragende Pflanzen werden im stark stickstoff-bedingten Konkurrenzkampf um abiotische und biotische Standortfaktoren wie Licht, Wasser und Nährstoffe von Stickstoff liebenden Pflanzen verdrängt, wodurch eine Vereinheitlichung des Vegetationskomplexes entsteht. Die übrig gebliebene karge und üppige Vegetation wirkt sich auf das Mikroklima in Bodennähe aus, indem es kühler und feuchter wird und somit zum Verlust wärmeliebender Pflanzen und Kleintiere führt. Pflanzen gewährleisten unersetzbare Dienstleistungen in Ökosystemen. Als Beispiel kann hier die Zersetzung natürlicher Abfälle, die Gewährleistung von Nährstoffkreisläufen, die Reinigung des Boden und die Erholungsfunktion genannt werden. Durch die Verdrängung von Pflanzenarten gehen diese wichtigen Funktionen im Ökosystem verloren und der Mensch muss ökonomisch und ökologisch eingreifen. Die anschließend aufkommende

Frage ist die des Zuständigkeitsbereiches, da jemand gefunden werden muss, der für diese Schäden haftet (Umweltbundesamt 2011: 17-18).

Bei einer Überdüngung mit Stickstoffdünger wie beispielsweise Ammoniumsulfat besteht die erhöhte Gefahr, dass der Boden übersäuert. Bei einer Stickstoffüberdüngung kann durch den Prozess der Nitrifikation ein Überschuss an Nitrat entstehen. Des Weiteren kann die Bodenübersäuerung durch die Verlagerung oder Auswaschung von Nitrat beschleunigt werden und im drastischen Fall das Grundwasser gefährden.

Übersäuerte Böden sind ein schlechter Lebensraum für Mikroorganismen, indem sie ihre Aktivitäten hemmen. Auch wenn die Große Brennnessel streng genommen kein Säurezeiger ist, kann die Stickstoff anzeigende Pflanze ein erster Indikator für eine zukünftige Bodenübersäuerung durch zu viel Stickstoff im Boden sein. Abschließend kann gesagt werden, dass die Große Brennnessel den Boden durch zu hohe Stickstoffkonzentrationen mit ihrem extremen Vorkommen schädigt und ausnutzt. Der Boden kann als krank bezeichnet werden und weist alarmierende Tendenzen auf (Reblu GmbH o.J.).

7.   Fazit

Abschließend kann gesagt werden, dass Zeigerpflanzen eine kostengünstige und eine Arbeitszeit einsparende Methode sind, um Schlussfolgerungen zur Bodengesundheit und -qualität zu erhalten. Darüber hinaus kann man wertvolle Information hinsichtlich der Ausprägung einer Substanz erhalten, indem man anhand Indikatorpflanzen feststellen kann, ob ein Überschuss oder Mangel vorliegt. Es gibt wahrscheinlich über tausende Zeigerpflanzen, die Aussagen über sehr viele Standorteigenschaften ermitteln können. Ein weiterer Punkt, der die Benutzung der Zeigerpflanzen befürwortet, ist der leichte Zugang zu äußerst überschaubaren Listen von diesen. Darüber hinaus ist der Gebrauch der Phyto-Indikatoren ohne höhere wissenschaftliche Kompetenz selbst für *Laien* in verschiedenen wirtschaftlichen als auch privaten Bereichen anwendbar. Es ist jedoch höchste Vorsicht geboten, da sie mehrheitlich mit einer großen Individuenzahl und einem großen Deckungsgrad vorkommen müssen. Darüber hinaus muss beachtet werden, dass einzelne Pflanzenarten Indikatoren für mehrere Standorteigenschaften sein können. Des Weiteren lässt sich in der Forschung ein großer Fortschritt in der Entwicklung der Phytosanierung erkennen, sodass Pflanzen in Zukunft aktiver und effizienter kontaminierte Böden reinigen können. Durch dieses Forschungsgebiet könnte man in Zukunft vielen Problematiken wie zum Beispiel der Rohstoffknappheit, der Armut und dem Bodenschwund entgegen wirken. Sofern man die *Gebrauchsanweisung* bei der Verwendung von pflanzlichen Bioindikatoren beachtet und man die Meinung der Menschen, dass viele verschiedene Indikatorpflanzen nur bloßes Unkraut sind, welches es zu entfernen gilt, ändern kann, besitzen Pflanzen als Indikatoren der Bodengesundheit große Potenziale in der Landschaftsökologie und Bodenkunde. Die Große Brennnessel bietet auf Grund ihrer Funktion detaillierte Informationen, ob der Boden als gesund oder krank bezeichnet werden kann. Sie vermittelt dem Anwender wertvolle Schlussfolgerungen, inwiefern der Boden beispielsweise behandelt werden sollte oder nicht. Um die Verwendung der Phyto-Indikatoren für die Gesellschaft transparenter zu machen, müsste mehr Aufklärung, Werbung oder Öffentlichkeitsarbeit betrieben werden. Dies wäre ein Anliegen, um sie neben anderen Möglichkeiten zur Ermittlung der Bodenqualität weiter zu stärken. Trotz vieler negativen Kritikpunkte sind Zeigerpflanzen, sofern man alle Kriterien berücksichtigt, qualitative Maßnahmen und lösen keine Bodenanalysen und -untersuchen ab, vielmehr sollen sie als ergänzend betrachtet werden.

Literaturverzeichnis

ABIGRO GmbH & Co. KG (2013): Zeigerpflanzen.

https://www.dndf.de/zeigerpflanze.htm [30.06.2016].

ABIGRO GmbH & Co. KG (2013): Bioindikator.

https://www.dndf.de/bioindikator.htm [30.06.2016].

Bayrische Landesanstalt für Landwirtschaft (Hg.) (o.J.): Bodenstruktur erkennen und beurteilen. Anleitung zur Bodenuntersuchungen mit dem Spaten. **http://www.lfl.bayern.de/publikationen/informationen/040146/** [02.07.2016].

Bohner, Andreas (2010): Zeigerpflanzen für die Beurteilung des Bodenzustandes im Wirtschaftsgrünland. **http://www.verwaltung.** steiermark.at/ cms/dokumente/11888505_98030328/2a209daa/Zeigerpfla nzen_im_Wirtschaftsgruenland.pdf [02.07.2016].

Bundesverband Boden e.V. (Hg.) (o.J.): Was ist Humus? http://www.bodenwelten.de/content/was-ist-humus [30.06.2016]. **Deutschlandradio - Körperschaft des öffentlichen Rechts** (2014): Phytomining. Pflanzen als Metallsauger. http://dradiowissen.de /beitrag/phytomining-mit-pflanzen-schwermetalle-gewinnen [01.07.2016].

Forschungsinstitut für biologischen Landbau (FiBL) (Hg.) (2008): Bodenuntersuchungen im Biobetrieb. https://shop.fibl.org/fileadmin/ documents/shop/1311-bodenuntersuchungen.pdf [30.06.2016].

Gesundheitliche Aufklärung (2012): Die Brennnessel – ungeliebtes Wunderkraut und bekämpfter Heilbringer. http://www.gesundheitlicheaufklaerung.de /brennnessel-ungeliebteswunderkraut-bekaempfter-heilbringer [02.07.2016].

Kohler, Alexander (Hg.) (1992): Bioindikatoren für Umweltbelastungen. Neue Aspekte u. Entwicklungen. Weikersheim.

Meyer, U.; **Belotti**, E. (o.J.): Einschätzung der Bodenqualität mit Hilfe pflanzlicher und tierischer Bioindikatoren. **http://www.umweltkonzept-dr meyer.de/pdf/uba_kurz.pdf** [01.07.2016].

NatureGate promotions (o.J.): Große Brennnessel. http://www.luontoportti.com/suomi/de/tekijat/ [02.07.2016].

Pflanzenforschung.de c/o genius gmbh – wissenschaft & kommunikation (o.J.): Phytosanierung. http://www. pflanzenforschung.de/ de/themen/lexikon/phytosanierung-2062 [02.07.2016].

Projekt Hypersoil (2003): Einleitung Boden – Information. **http://hypersoil.uni-muenster.de/0/00.htm** [30.06.2016].

Reblu GmbH (o.J.): Zeigerpflanze.

http://www.bodenfachzentrum.de/bodenqualitaet/zeigerpflanzen [02.07.16].

Reblu GmbH (o.J.): Zeigerpflanze Brennnessel.

http://www.bodenfachzentrum.de/bodenqualitaet/zeigerpflanzen/zeigerpflanze-brennnessel [02.07.16].

Scheffer, F.; **Schachtschabel**, P. (Hg.) (2010): Lehrbuch der Bodenkunde.
16. Aufl., Heidelberg.

Schwarz, Marietta (2012): Mit Bäumen gegen Gift im Boden.
Detroit setzt auf die sogenannte Phyto-Sanierung.
http://www.deutschlandfunk.de/mit-baeumen-gegen-gift-imboden.697.de.html?dram:article_id=226409 [01.07.2016].

Umweltbundesamt (Hg.) (2011): Stickstoff – Zuviel des Guten?
https://www.umweltbundesamt.de/sites/default/files/medien/publikation/lon g/4058.pdf
[02.07.2016].

Vyas, Pryanka (o.J.) Phytosanierung. Ein Umweltretter
http://www.isfoundation.com/de/news/phytosanierung-ein-umweltretter

[02.07.2016].

Zierdt, M. (1997): Umweltmonitoring mit natürlichen Indikatoren Pflanzen - Boden - Wasser – Luft. Berlin.